哈蘇相機下的登月任務

黛博拉·艾爾蘭　著

翁雅如　譯

CONTENTS

序
Foreword

1839 年攝影技術問世，相機便一直深植在地球，地球上的人和地點。但是幾年後，在 1840 年代，天文攝影就像太陽一樣昇起，科學家利用太陽、太陽光譜和月球的攝影來幫助科學研究。隨著攝影技術進步，攝影師也開始能夠把注意力轉移到其他現象，例如日蝕、月蝕以及越來越詳細的月球和天文觀測。

第二次世界大戰之後幾年，相機被用來拍攝更廣的電磁頻譜，藉由裝在無人火箭以及人造衛星上，脫離了地球表面，進入太空。這也正是哈蘇相機在 1950 年代從軍用工具變身成為後來的專業相機系統的時代。

1962 年的水星八號任務把哈蘇相機和載人太空任務牽起線來，讓太空影像不再只是一種科學紀錄，而是讓一個人有了相機（美國太空總署的飛行任務在 1983 年之前一直都是一個人）、知道了該拍什麼、怎麼拍，徹底結合了藝術和科學。因此，現在阿波羅任務的原版照片在高級攝影藝術拍賣會和藝廊中仍有一席之地一點也不奇怪。

這本書透過相機和拍攝的攝影師——也就是太空人——說出這些照片的故事。今日的數位科技也許改變了我們將畫面保存下來的方式，但人的元素永遠是攝影的本質。現今太空任務拍攝的照片，與當年阿波羅任務所帶回來的影像一樣，持續令大眾著迷。

Dr Michael Pritchard
皇家攝影協會主席

←阿波羅十一號任務的農神五號運載火箭於 1969 年七月十六號早上八點三十二分從佛羅里達州的甘迺迪太空中心起飛。

前言
Introduction

即便在今日圖像如此普及的時代，紀錄人類偉大冒險的阿波羅十一號任務照片仍具極大影響力。2019 年是尼爾・阿姆斯壯和巴茲・艾德林首度在月球表面漫步滿五十週年的日子。他們當時用哈蘇相機拍下的正方形照片，至今仍是美麗又有力的紀念，提醒世人不忘他們的卓越成就。

這本書透過記錄此任務的鏡頭，訴說登月的故事，細看最廣為人知的太空旅程照片中的意義。這個故事寫出了技術上的巨大躍進，不只首度成功運送兩名人類登上月球，還拍下畫面，成為他們達成此事的證據。

阿波羅十一號任務提供人類第一次能夠在月表直接觀察科學現象的機會。月表和月球軌道的照片不只記錄了太空人首度登月以及艙外行動的過程，也為未來任務的研究釐清其科學領域和實驗。

阿波羅十一號攜帶的攝影器材和素材都經過特殊設計：

① 為求拍攝到「機會目標」，例如科學研究上有興趣的地點，以及若是時間與情況允許，阿波羅號可能可以降落的地點。

② 為求在登月艙降落後，拍攝到登月艙和月表活動。

③ 為科學研究所需，取得正面與背面地區的垂直與斜角線條。

④ 為求記錄任務運作活動。

⑤ 為後續登月小組訓練所需做紀錄。

阿波羅十一號攜帶的哈蘇相機，讓其組員達成每一項攝影目標。美國太空總署一開始認為攝影會讓太空人分心，也會造成危險。可是見到瓦利・施艾拉在 1962 年水星任務中利用哈蘇相機取得的影像後，他們便被說服了。其照片品質重現了太空中的成就，讓世界一覽前所未見的景色，對科學界和公關方面都是無價之寶。從那之後，哈蘇相機就成了太空旅行的標準設備。

最極致的開發是哈蘇 500EL 數據相機，這台相機為了登月調整了設計。哈蘇與美國太空總署、鏡頭製造商蔡司合作開發，相機輕巧的外型成了最顯眼的特色。對太空人來說，它使用便利——即便帶著頭盔和手套——使用這台相機，他們也能完成項目極多的拍攝任務，並且拍下幾張在世界上最為人知的代表相片。

→太陽背光，巴茲·艾德林拍下自己的影子照映在外星表面的模樣。右上角是等著把太空人送回太空船的登月小艇。

哈蘇相機 500EL

Hasselblad 500EL Camera

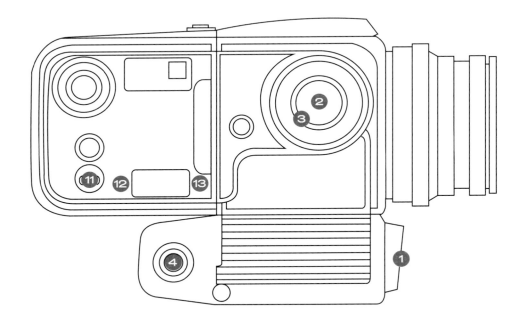

相機控制

① 操作按鈕
② 模式選擇
③ 鏡頭快門板機工具
④ 遙控連接

⑤ 電池槽
⑥ 電池槽鎖
⑦ 鏡頭拆卸鈕

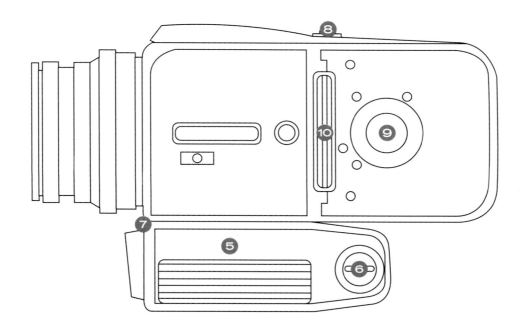

底片匣控制

⑧	底片匣卸除扭	⑫	底片用盡提示
⑨	底片匣扣鎖	⑬	捲片提示
⑩	遮光片		
⑪	底片計數器		

任務時間表　Mission Timeline

任務	組員	相機與鏡頭	攝影實驗	任務目的	備註
水星三號 （自由七號） 1961 年 5 月 5 日	小艾倫·巴雷·雪帕德	莫勒 220G 70mm 相機（固定相機系統）	一般資訊拍攝（超過一百五十張天空、雲朵和海洋的照片）	維持十五分二十二秒的次軌道飛行	
水星四號 （自由鐘七號） 1961 年 7 月 21 日	維吉爾·艾文·「葛斯」·格里森	莫勒 220G 70mm 相機（固定相機系統）	一般資訊拍攝	維持十五分三十七秒的次軌道飛行	拍攝大西洋、北與中美洲的照片
水星六號 （友誼七號） 1962 年 2 月 20 日	小約翰·賀雪倫·葛倫	Ansco 自動 35mm 相機搭配 55mm 鏡頭	一般資訊拍攝	地球軌道繞行三圈	四十八張雲朵、海洋和非洲西北部照片
水星七號 （極光七號） 1962 年 5 月 24 日	麥爾康·史考特·卡潘特	羅伯特 35mm 相機搭配 75mm f/3.5 以及 45mm f/2.3 鏡頭	指定區域的地形攝影（一百五十五張地球及地球臨邊照）	地球軌道繞行三圈	
水星八號 （西格瑪七號） 1962 年 10 月 3 日	小華特·馬蒂·「瓦利」·施拉	哈蘇 500C 70mm 相機（NASA 版）搭配蔡司 Planar 80mm f/2.8 鏡頭	綜觀地形攝影	地球軌道繞行六圈	曝光過度導致攝成果品質不佳
水星九號 （信仰七號） 1963 年 5 月 15 日 至 16 日	小里洛瑞·戈登·「葛多」·庫柏	哈蘇 500C 70mm 相機（NASA 版）搭配蔡司 Planar 80mm f/2.8 鏡頭	綜觀地形攝影的地區與地形特色參照表	地球軌道繞行二十二圈	二十九張地球和雲層照片，觀察地球特徵是否可見以及顏色呈現狀況

任務	組員	相機與鏡頭	攝影實驗	任務目的	備註
雙子星三號 965 年 3 月 23 日	維吉爾・艾文・「葛斯」・格里森、約翰・瓦茲・揚	哈蘇 500C 70mm 相機（NASA 版）搭配蔡司 Planar 80mm f/2.8 鏡頭	綜觀地形及氣象資訊攝影	地球軌道繞行三圈	兩百一十九張地球照片
雙子星四號 965 年 6 月 3 日至 7 日	詹姆斯・艾爾頓・「吉姆」・麥克狄維特、愛德華・希更斯・懷特二世	哈蘇 500C 70mm 相機（NASA 版）搭配蔡司 Planar 80mm f/2.8 鏡頭；蔡司 Contarex 35mm 相機搭配 250mm 鏡頭	綜觀地形及氣象資訊攝影、地球臨邊拍攝	首次太空漫步、地球軌道繞行六十二圈	
雙子星五號 965 年 8 月 21 日至 29 日	小里洛瑞・戈登・「葛多・庫柏、小查爾斯・「彼特」・康納德	哈蘇 500C 70mm 相機（NASA 版）搭配蔡司 Planar 80mm f/2.8 鏡頭；蔡司 Contarex 35mm 相機搭配 250mm 鏡頭、科視達 1200mm 望遠鏡	黃道光攝影、綜觀地形攝影、氣象攝影、視覺敏度實驗以及表面攝影	測試太空人以及太空艙長時間太空停留，並繞行地球軌道一百二十圈	兩百五十張地球照片
雙子星六 A 號 65 年 12 月 15 日至 16 日	小華特・馬蒂・「瓦利」・施拉、湯瑪士・派頓・史戴佛	哈蘇 500C 70mm 相機（NASA 版）搭配蔡司 Planar 80mm f/2.8 鏡頭	綜觀地形及氣象資訊攝影	在地球軌道與雙子星七號會合對接並繞行地球軌道十六圈	
雙子星七號 965 年 12 月 4 日至 18 日	法蘭克・費德利克・波曼二世、小詹姆斯・亞瑟・洛威爾	哈蘇 500C 70mm 相機（NASA 版）搭配蔡司 Planar 80mm f/2.8 鏡頭；蔡司 Contarex 35mm 相機搭配 250mm 鏡頭	綜觀地形及氣象資訊攝影	在地球軌道與雙子星六號會合對接並繞行地球軌道兩百零六圈	四百二十九張地球照片

任務時間表　Mission Timeline

任務	組員	相機與鏡頭	攝影實驗	任務目的	備註
雙子星八號 1966 年 3 月 16 日 至 17 日	尼爾・艾登・阿姆斯壯、大衛・藍道夫・史考特	哈蘇500C 70mm相機（NASA 版）搭配蔡司 Planar 80mm f/2.8 鏡頭	黃道光攝影、綜觀地形攝影	與阿金納目標飛行器會合對接，繞行地球軌道七圈	十九張地球照片、一張地球臨邊片、六張斜角地照
雙子星九 A 號 1966 年 6 月 3 日 至 6 日	湯瑪士・派頓・史戴佛、尤金・安德魯・賽爾南	哈蘇 500C 70mm 相機（NASA 版）搭配蔡司 Planar 80mm f/2.8 鏡頭；哈蘇超廣角 C 相機（NASA 版）搭配蔡司 Biogon 38mm f/3.5 鏡頭；Maurer 70mm 相機搭配 Xenotar 80mm f/2.8 鏡頭	黃道光攝影、綜觀地形攝影、氣輝攝影	測試噴射動力飛行器（太空人艙外活動裝置），繞行地球軌道四十四圈	
雙子星十號 1966 年 7 月 18 日 至 21 日	約翰・瓦茲・揚、麥可・柯林斯	哈蘇超廣角 C 相機（NASA 版）搭配蔡司 Biogon 38mm f/4.5 鏡頭；Maurer 70mm 相機搭配 Xenotar 80mm f/2.8 鏡頭	黃道光攝影、綜觀地形攝影、氣象攝影、恆星紫外光域相機實驗	與阿金納目標飛行器會合對接（失敗），繞行地球軌道四十三圈	三百七十一張地球照片
雙子星十一號 1966 年 9 月 12 日 至 15 日	小查爾斯・「彼特」・康納德、小理查・法蘭西斯・戈登	哈蘇超廣角 C 相機（NASA 版）搭配蔡司 Biogon 38mm f/4.5 鏡頭；Maurer 70mm 相機搭配 Xenotar 80mm f/2.8 鏡頭	地平線氣輝攝影、綜觀地形攝影、氣象攝影、恆星紫外光域相機實驗以及月球紫外光譜反射率實驗	與阿金納目標飛行器會合對接，兩次艙外行動，繞行地球軌道四十四圈	
雙子星十二號 1966 年 11 月 11 日 至 15 日	小詹姆斯・亞瑟・洛威爾、小艾德溫・尤金・「巴茲」・艾德林	哈蘇超廣角 C 相機（NASA 版）搭配蔡司 Biogon 38mm f/4.5 鏡頭；Maurer 70mm 相機搭配 Xenotar 80mm f/2.8 鏡頭	地平線氣輝攝影、綜觀地形攝影、氣象攝影、地球月球「天平動」攝影、恆星紫外光域相機實驗以及鈉雲攝影	與阿金納目標飛行器會合對接，三次艙外行動，繞行地球軌道五十九圈	四百一十五張地球照片

任務	組員	相機與鏡頭	攝影實驗	任務目的	備註
阿波羅七號 68 年 10 月 11 日 至 22 日	小華特・馬蒂・「瓦利」・施拉、唐恩・富爾頓・艾斯勒、羅尼・華特・康寧翰	哈蘇500C 70mm相機（NASA 版）搭配蔡司 Planar 80mm f/2.8 鏡頭	地球雲氣照片	演示指揮／服務艙功能，繞行地球軌道一百六十三圈	五百三十三張照片：三十五張黑白底片、四百九十八張彩色底片
阿波羅八號 68 年 12 月 21 日 至 27 日	法蘭克・費德利克・波曼二世、小詹姆斯・亞瑟・洛威爾、威廉・艾里森・「比爾」・安德斯	兩台哈蘇 500EL 70mm 相機（NASA 版）搭配蔡司 Planar 80mm f/2.8 鏡頭、蔡司 Sonnar 250mm f/5.6 鏡頭	拍攝月表，特別是月球背面	脫離地球軌道前往月球，繞行地球軌道兩圈、月球軌道十圈	
阿波羅九號 969 年 3 月 3 日 至 13 日	詹姆斯・艾爾頓・「吉姆」・麥克狄維特、大衛・藍道夫・史考特、羅素・路易斯・「羅斯提」・史威查特	兩台哈蘇 500C 70mm 相機（NASA 版）搭配蔡司 Planar 80mm f/2.8 鏡頭；四台哈蘇 500EL 70mm 相機（NASA 版）搭配蔡司 Planar 80mm f/2.8 鏡頭	多光譜地形攝影	首次測試載人登月小艇，繞行地球一百五十一圈	一千三百七十三張照片：三百一十八張黑白底片、七百八十七張彩色底片、兩百六十七張紅外線底片
阿波羅十號 69 年 5 月 18 日 至 26 日	湯瑪士・派頓・史戴佛、約翰・瓦茲・揚、尤金・安德魯・賽爾南	兩台哈蘇 500EL 70mm 相機（NASA 版）搭配蔡司 Planar 80mm f/2.8 鏡頭、蔡司 Sonnar 250mm f/5.6 鏡頭	拍攝登月小艇以及月球表面攝影	預演登陸月球，繞行地球軌道兩圈、月球軌道三十一圈	
阿波羅十一號 69 年 7 月 16 日 至 24 日	尼爾・艾登・阿姆斯壯、麥可・柯林斯、小艾德溫・尤金・「巴茲」・艾德林	哈蘇500EL 70mm 相機（基準標記網格片版，Réseau plate）搭配 Biogon 60mm f/5.6 鏡頭；兩台哈蘇 500EL 70mm 相機搭配蔡司 Planar 80mm f/2.8 鏡頭	拍攝機會目標、登月小艇以及月表活動	將兩名太空人送上月球表面，繞行地球軌道兩圈、月球軌道三十圈	一千四百零七張照片：八百五十七張黑白底片、五百五十張彩色底片

THE
CAMERA

拍攝月亮

Capturing the Moon

在早期攝影圈中，夜空向來是熱門拍攝主題，同時也極難拍攝成功。天文攝影師沃倫・德拉魯（Warren De la Rue）觀察到：「人的肉眼可以看得到極微小的事物，即便物件本身會移動也沒問題。但是在攝影時，移動多少會造成模糊畫面。而在天文望遠鏡裡，靜止不動的東西實為少見。」

到了 1847 年，美國麻州劍橋的哈佛大學天文台終於找到了針對這個問題的解決方法，這裡的天文望遠鏡正是為了追蹤天空中的物件打造的。受到天文台的台長威廉・克蘭奇・邦德（William Cranch Bond）委任，這架「偉大的折射望遠鏡」口徑為十五吋（三十八公分），是同類望遠鏡中體積第二大的設計。

邦德與第一個在美國製造銀版攝影法所需化學物質的約翰・亞當斯・惠博（John Adams Whipple）合作，只要把銀版放在天文望遠鏡的聚焦處，就能成功把夜空拍下來，包含月亮在內。

早期的月球照片於 1851 年在英國倫敦萬國工業博覽會展出，德拉魯看見後也很想嘗試月球攝影。他沒有使用銀版攝影法，而是採用了費迪克・史考特・阿切爾（Frederick Scott Archer）的濕版攝影術，該技術才剛於 1851 年三月刊登在《化學家》（The Chemist）上。這個方法比銀版攝影法好的地方是曝光時間較短，還能從玻璃負板複製多張相片。

雖然天文學家德拉姆只是業餘攝影師，可是他用機械驅動的天文望遠鏡，打造了自己的天文台，還製作出專屬的「月球相機」。這台由他親自設計的相機，現在由英國牛津大學科學博物館珍藏，說是相機，其實更像是天文望遠鏡的附屬配件。迪拉姆透過不斷改良設備的設計，拍攝出驚人的月球相片。雖然開始的時候他是業餘身份，到終年時他已成為人人口中的「天體攝影之父」了。

十九世紀最特殊的月球照片，該說是詹姆士・納史密斯（James Nasmyth）的拍攝作品，該作品於 1874 年於他的出版書籍《The Moon: Considered as a Planet, a World, and a Satellite》曝光。納史密斯是工程師、發明家，也是天文學家，不過

他是以發明蒸氣槌聞名。因為苦於攝影難以捕捉從天文望遠鏡可見的月表細節，納史密斯開始靠手繪圖和觀察行動來製作石膏模型。完成後的他會小心地在石膏模型上打光，讓坑洞呈現最佳效果再進行拍攝。他也在 1851 年英國倫敦萬國工業博覽會展出詳細的月表地圖。

月球不止啟發攝影師，對作家影響也很大。在維多利亞時代的虛構小說中，月球成為人類旅行潛在目的地之一這個概念首次出現。把這想法埋入作品中的作者包含朱爾・凡爾納 (Jules Verne)，在他描寫未來科幻冒險的作品《從地球到月球》(From the Earth to the Moon)（1865 年出版）

以及《環月之旅》(Trip around the Moon)（1870 年出版）便可見一二。

凡爾納的小說和 1969 年首次月球登陸任務之間有極大的相似之處。他的虛構小說預言美國會成為第一個發射人類駕駛的火箭到月球的國家（還帶著三人團隊），火箭會從佛羅里達州發射，最後降落在太平洋之中。阿波羅十一號的太空船就命名為哥倫比亞，這個名字對美國來說不止蘊含詩意，同時也有一部分是受到凡爾納作品中的火箭名「哥倫比亞德 (Columbiad)」啟發。

个沃倫・德拉魯拍攝的一組立體月球蛋白印像圖 (84 × 174 mm)，使用濕版法製作底片。左手邊的相片是拍攝於 1860 年八月二十七號，右邊相片則是拍攝於 1859 年十二月五號。

太空競賽
Space Race

1954 年，由六十七個國家參與的非政府組織，國際科學聯合會，號召各國在國際地球物理年（IGY）發射人造衛星。國際地球物理年為 1957 年七月一號到 1958 年十二月三十一號，期間太陽黑子活動極高（太陽週期 S19）。為回應本次號召，白宮發表正式聲明，表示美國會進行一項人造衛星計畫，但是預計在 1957 年九月發射的先鋒號遭延後發射日期，而此事使蘇聯成功將全世界第一架人造衛星史波尼克一號發射到太空中。

史波尼克一號（Sputnik 1，意思是「旅伴」）於 1957 年十月四號發射，這次發射任務象徵太空世代的開始。口徑僅二十三吋（五十八公分）的史波尼克一號大小跟一顆沙灘球一樣，九十八分鐘能環繞地球一圈。不到一個月後的 1957 年十一月三號，蘇聯成功發射了史波尼克二號。史波尼克二號上還有一隻名為萊卡（Laika）的狗——她是第一隻進入外太空的動物。

在政治情勢上來看，此時東方與西方正深陷冷戰之中，蘇聯贏下太空競賽這件事恐成美國在科技成就上望塵莫及的證明。為了正面回應此事，美國太空總署於 1958 年七月二十九號成立，1961 年一月三十一號，美國水星計畫的紅石火箭 MR-2 載著第一位進入太空的人猿類起飛——一隻叫做漢姆（Ham）的黑猩猩。更重要的是，有別於萊卡，漢姆最後平安地回到地球。

美國的勝利很快就在 1961 年四月十二號被第一個進入太空的人類，也就是搭乘沃斯托克火箭一號升空、立即家喻戶曉的尤里·加加林（Yuri Gagarin）給超前。僅僅二十三天後，1961 年五月五號，艾倫·雪帕德成為第一個進入太空的美國人，他搭乘水星計畫的紅石火箭推動的自由七號，完成了一趟短程次軌道飛行。沒多久之後，1961 年五月二十五號，甘迺迪總統對議會發表演講，呼籲各方財務援助，好讓美國能在這十年結束前將第一個人類送上月球。

關鍵日期

1957 年 10 月 4 日：史波尼克一號，第一架進入太空的人造衛星。（蘇聯）
1957 年 11 月 3 日：史波尼克二號，萊卡成為第一隻進入太空的動物。（蘇聯）
1961 年 1 月 31 日：MR-2，漢姆成為首位進入太空的人猿類。（美國）
1961 年 4 月 12 日：沃斯托克火箭一號，尤里·加加林成為首位進入太空的人類。（蘇聯）
1961 年 8 月 6 日：戈爾曼·季托夫，第二個進入地球軌道的人類。（蘇聯）
1963 年 6 月 16 日：瓦蓮京娜·捷列什科娃，第一個進入太空的女性。（蘇聯）
1965 年 3 月 18 日：阿列克謝·列奧諾夫，第一個太空漫步的人。（蘇聯）

個首先，我認為我們的國家應該要全心投入去達成目標，也就是在這個十年結束前，成功讓一個人登上月球並安全返抵地球。這段期間內沒有任何太空任務會比這項任務更讓人類讚嘆，對長途太空探索來說，也不會有其他任務比這項任務更重要，而且任何任務都不會比達成這項任務更困難或更昂貴。 ——— 時任美國總統約翰．甘迺迪，1961 年五月二十五號

第一台哈蘇相機

First
Hasselblad
Camera

瑞典空軍在空拍監測時使用的哈蘇相機後來成為被送上太空的相機好像一點也不顯得奇怪。哈蘇相機公司成立於 1841 年，本是一家貿易公司，專門進口貨物到瑞典。到了 1893 年這家公司已經開始銷售各式各樣與攝影相關的產品，包含伊士曼柯達公司的產品，也出版了其第一本攝影器材型錄。

第一台哈蘇相機的發明者是維多・哈蘇 (Victor Hasselblad) (1906-78)，他是個積極的攝影師，熱愛拍攝自然環境中的鳥類。在準備加入家族事業的時候，他被送往法國柯達百代、德國蔡司和美國伊士曼柯達累積經驗。後來幾年的發展證明了他這樣廣泛的實習所學，實為無價的收穫。

在第二次世界大戰期間，瑞典維持中立國身份，但是全國都動員了起來。瑞典皇家空軍需要航空相機來持續監控國境狀況，所以在空軍總部的攝影專家聯繫上維多・哈蘇：「有人這樣問我——『你可以製造一台像這樣的相機嗎？』然後他們給我看一台被沒收的德國相機。我仔細研究了一番，發現這台相機並無過人之處，所以我誠實地回答對方：『不行，一樣的我做不出來，但我可以做出更好的相機。』」

哈蘇於 1940 年四月與空軍簽約，立刻就設立工作室、找到技師亞克・川尼福斯 (Ake Tranefors) 與他合作。兩人攜手製作出後來的 HK7 相機原型，這是一台相對較輕 (8.4 磅／3.8 公斤) 的手持相機，使用 80 mm 有

个維多・哈蘇和哈蘇 500EL 相機。

孔膠片、具備三顆可換式鏡頭：蔡司的 Biotessar 13.5 cm f/2.8 鏡頭、梅耶的 Telemegor 25 cm f/5.5 鏡頭和施奈德 Tele-Xenar 24 cm f/4.5 鏡頭。這間公司在 1940 到 1943 年間製造出 240 台 HK7 相機。

HK7 相機的成功讓瑞典空軍於 1941 年再次委任製作第二台相機。這次他們要一台大一點的版本，好讓他們能架在觀察機上頭。這次的型號，也就是 SKa4，具備了重要的特色，包含可換式底片匣和自動捲片功能，後來也出現在哈蘇的消費型相機上。這座工廠總共生產了

七十台相機，同時也協助製造處理航空底片的設備。

到了 1943 年底，哈蘇雇用了四十五名技術高明的精密工具製作人員，專門來執行瑞典政府的合約工作內容。雖然戰爭仍未停息，維多・哈蘇已經開始做戰後的計畫，準備製作給百姓使用的相機。他的計畫要成功，就得好好留住這些技工。所以他開始接外包工作，替軍用飛機製造商紳寶以及鐘錶和幻燈機商生產精密零件。就在這個時期，哈蘇 1600F 相機的設計也展開了。

←HK7 型號相機是第一台哈蘇相機，於 1940 年到 1945 年間生產。

第一台商用哈蘇相機

First
Civilian
Hasselblad
Camera

維多・哈蘇的戰時航空相機有可替換式鏡頭和底片匣，這是他想加入「平民用相機」的功能。這台相機的最後設計是透過競賽決定，獎金為五千克隆（約莫是技師人員一年的薪水），由參與設計出冠軍作品的哈蘇員工均分。

瑞典工業設計師希克斯・薩松（Sixten Sason）為最後的設計加上了俐落外表，最終產品就是這台哈蘇 1600F：外觀袖珍的單眼反光相機。相機本身的規格僅僅 4⅞ x 3½ x 3½ 英寸（12.4 x 8.9 x 8.9 公分），而且加上標準柯達鏡頭後，這台相機的重量僅 2 磅 12 盎司（1.1 公斤）。

工廠的製作生產流程為了 1600F 必須做出全面性的變動，精密儀器銑床取代了手工工具。產品的反應讓一切努力都值得了，這台相機在美國由威勒比以零售價美金

哈蘇相機的演化

1600F（1948年）

1000F（1952年）

500C（1957年）

五百七十元販售，價格包含一顆鏡頭和一個底片匣。第一個型號有幾個小瑕疵——快門速度有點問題——但這狀況沒有阻止知名攝影師包含安塞爾·亞當斯 (Ansel Adams) 自告奮勇測試相機。哈蘇把亞當斯拍攝的照片用在廣告中，而他對此相機表現的評價則促成了 1952 年上市的哈蘇 1000F。

對專業攝影師來說——特別是在時尚設計產業工作的攝影師——哈蘇相機成了必備的相機。時尚攝影師約翰·法蘭奇 (John French) 的作品可說是最好的例子，說明這款相機改善了報紙印刷使用照片的狀況。在 1950 年代之前，報導時尚主題時，報紙常用繪圖方式呈現，因為印刷照片會「一團黑」，什麼都看不清楚。可是 1950 年英國的《每日快報》同意使用法蘭奇以哈蘇相機為穿著晚宴服的模特兒芭芭拉·高倫 (Barbara Goalen) 所拍

攝的柔和、高亮度照片。晚宴服的所有細節都在頭版上一覽無遺，這張照片非常成功。

1955 年十一月十一號在《每日快報》一篇文章〈哈蘇之眼〉(The Hasselblad Eye) 中，約翰·法蘭奇本人解釋這台相機的重要性：「因為這一頁總是率先傳達最棒的時尚攝影作品，我想要讓你們知道這顯著的進步。仔細看左手邊的照片，照片中展現了攝影技巧的長足進步。前景中攝影師自己的手對到了焦，穿著飄動的大衣的女孩也有完美聚焦，後方遠處從梅菲爾出現的男子也一樣清晰。如果這是一張在攝影棚裡靠大量燈光和設備拍攝的照片，那這照片就沒什麼稀奇的，可是這是在移動中、於開放場地拍攝，用的是比背景裡的圓紳士帽還小的相機，那可就非常值得讚嘆了。」

500EL（1965年）

Super Wide（1954年）

Super Wide C（1959 年）

水星計畫

Mercury

美國太空總署的水星計畫是美國第一項載人火箭計畫，此計畫有三個目標：

- 駕駛太空船環繞地球；
- 觀察人類在太空中的活動能力；
- 使太空人和太空船平安回地球。

此計畫從 1958 年到 1963 年持續了將近五年，成功完成六趟駕駛旅程，並達成所有目標。

在一百一十名候選人中，七名測試駕駛獲選成為第一批「太空人」，後人稱為水星計畫七人組。這七人之一，瓦利·施艾拉寫下這段話：「七個人——各個都具備超強完成人格、自信滿滿——集結在此以團隊工作。我們對其他人有十足的信心……」

水星計畫實在太過複雜，太空人決定把計畫中專屬幾個部分分別指派給專員負責。如果遇到問題，他們會召開專門針對這個主題討論的會議，讓他們得以完整審視整個計畫，並協助細部層面的工程決策。任務的研究導向應用了大量攝影，使設備上必須增添一台相機、船艙上也須有一扇窗。

在一開始的設計中，工程師已經為太空船安裝了一架配有廣角鏡頭的潛望鏡，但是潛望鏡會讓影像扭曲變形。這麼一來就不能透過星象導航、從太空中看地球，或是（對未來而言很重要）與另一艘太空船約定地點對接船艦。瓦利·施艾拉的評論：「我們喜歡用工程語言這麼說，也就是眼球還沒有被最佳化。」到了 1961 年七月二十一號完成第二趟次軌道飛行的時候，太空船終於有了窗戶。

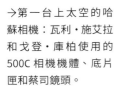

→第一台上太空的哈蘇相機：瓦利·施艾拉和戈登·庫柏使用的 500C 相機機體、底片匣和蔡司鏡頭。

←瓦利·施艾拉（中）與戈登·庫柏（左）和羅藍·威
廉斯（右）一起檢視哈蘇相機。

1962 年一月，水星計畫七人組中的另一人，約翰·葛倫試著想說服美國太空總署讓他帶相機上太空。美國太空總署沒有相機部門，一開始認為此舉會造成分心，但是葛倫一直堅持到他們答應為止。他先試了萊卡相機和美能達相機，最後選了後者，因為這台在穿戴了壓力手套後操作最簡易。二月二十號，葛倫帶著美能達相機搭乘友誼七號環繞地球軌道一圈，這是水星六號任務的任務內容。他拍攝的畫面首次捕捉了太空中的地球之美。

瓦利·施艾拉認為哈蘇 500C 配用的底片較大（2¼ x 2¼ 英寸／6x6 公分），比 35mm 的相機更適合他在西格瑪七號的飛行任務，該任務於 1962 年十月三號發射。以「工程師的角度而非觀光客的角度」著眼，他向《國家地理》雜誌的攝影師迪恩·康格（Dean Conger）、路易斯·馬登（Luis Marden）（彩色攝影的先驅），以及《生活》雜誌的雷夫·摩斯（Ralph Morse）和卡爾·梅丹斯（Carl Mydans）請教。

施艾拉的任務成功後 —— 他的攝影作品也成功了 —— 哈蘇相機便被納入後來的所有太空飛行任務中。施艾拉完全沉浸在這相機的世界裡，學會了如何拆解再組裝復原。這件事在阿波羅七號任務中便派上用場，當時相機零件卡住，而他靠著醫療箱裡的一小點礦物油基底的軟膏成功修復故障的相機。

雙子星計畫
Gemini

水星計畫成功之後，美國太空總署開始了雙子星計畫。雙子星計畫是地球軌道環繞任務，旨在為成功送人類上月球而測試太空人與地面團隊之間的專業技巧。本計畫的目的包含在太空中漫步、更換軌道、兩架太空船對接與停泊，並確保兩人一組的太空人健康地長時間停留太空。此計畫成功達成所有目標。

雙子星任務中，哈蘇 500C 再次被選中，太空人得以將所見的景象拍攝下來。最驚人的一點應該說是哈蘇相機竟能在改動範圍這麼少的情況下，在太空中運作得這麼順暢。他們使用蔡司鏡頭，

加上其他特殊功能，例如於光線改變後，可中途換片的底片匣。施艾拉拆除了相機外部人造皮革，並把機身塗成黑色以減低光線反射。在太空船外，相機在陽光下華氏兩百五十度（攝氏一百二十度）到陰影中華氏零下八十五度（攝氏零下六十五度）的變化之間，都能可靠的運作。

這個時代最具衝擊性的照片之中，有幾張就是愛德華・懷特進行首次「太空漫步」的照片。這批照片是由雙子星四號指揮官詹姆斯・麥克狄維特（James A. McDivitt）拍攝，他形容艙外行動是他在太空中經歷過最危險的事。飛行船艙的艙門齒輪機械裝置在地球上測試的時候已經有問題，到了太空中，艙門則是出現無法關閉的問題，麥克狄維特只好穿戴著厚重的手套在黑暗中修理齒輪，完成後才能關上艙門。

雖然經歷困境，民眾仍認為任務成功，刺激的懷特太空漫步照片傳遍世界各地，登上了德國《亮點》週刊、美國《時代》雜誌，《生活》雜誌將其登上封面，搭配十六頁的彩色報導。高品質的影像在太空任務中的重要位置已不容忽視。

在瑞典的哈蘇見到了懷特太空漫步的照片，發現照片是由自家公司的其中一項產品拍攝，於是他聯繫美國太空總署，表示願意開發太空用的相機。這兩個單位就從這時開始，一直合作到 2003 年。

→雙子星四號駕駛，太空人愛德華・懷特（Edward H. White II）在太空船外的無重力環境中飄浮。

→雙子星七號任務組員吉姆・洛威爾（Jim Lovell）以及法蘭克・博爾曼（Frank Borman）拍攝。這張照片拍到雙子星六 A 號在軌道上的模樣，距離地球一百六十英里（二百五十七公里）。

月球號、遊騎兵號、月球軌道號和巡天者號
Luna, Ranger, Lunar Orbiter & Surveyor

1957 年起，美國和蘇聯都發射了無人駕駛的太空探測器到月球。蘇聯月球號任務從 1959 年持續到 1976 年，期間達成了不少人類史上首次的驚人成就：月球一號（1959 年）成為第一架脫離地球中心軌道的太空船。月球二號（1959 年）成為第一架抵達月球的人工物件。月球三號（1959 年）成為第一架從背面拍攝到月球畫面的太空船。

1966 年二月三號，月球九號成為第一架安全抵達月表、回傳月表畫面的探測器，此時英國科學家約翰·葛蘭特·戴維斯（John Grant Davies）正在英國卓瑞爾河岸利用無線電望遠鏡馬克一號追蹤該探測器（1987 年重新命名為洛弗爾望遠鏡 [Lovell Telescope]），他發現無線電望遠鏡的訊號變成了傳真傳輸（facsimile transmissions）訊號。於是《每日快報》送了一台米爾德傳真訊號轉換器到卓瑞爾河岸，讓戴維斯得以擷取從月球表面回傳的第一批照片。在蘇聯宣布他們成功拍到月表照片之前，這家英國報社已經把照片登上了頭版。

美國太空總署的探測器 —— 遊騎兵號、月球軌道號和巡天者號 —— 載有自動處理底片的實驗室，探測器拍攝的

← 1966 年十一月二十四號，月球軌道二號拍攝到哥白尼坑地形劇烈起伏的照片，此照片被《生活》雜誌譽為「世紀之照」。

畫面會在探測器上成像、掃描，透過無線電訊號送回地球。由太陽能供電的遊騎兵號的設計是直接墜落月表，撞擊當下就開始發送照片。第一架遊騎兵號於 1961 年八月二十三號升空，但直到 1964 年遊騎兵七號問世後，首張月球照片才傳回地球。遊騎兵七號上的六架相機共送回超過四千三百張照片，提供月表詳細資訊。各種尺寸的隕石坑成為最主要的特色，就算透過望遠鏡看上去是平坦光滑表面的區域，也一樣布滿坑洞。

五架月球軌道號分別於 1966 年到 1967 年間全部順利升空，其最偉大成就是以一百九十五英尺（六十公尺）的解析度拍下月球表面百分之九十九的區域並製作出地圖。月球表面的立體景緻透過月球軌道二號於 1966 年十一月二十四號在距離月表約莫二十七英里處（四十四公里）以斜角拍攝的哥白尼坑重現。畫面揭露了直徑五十英里（八十公里）的隕石坑高峰和崎嶇不平的岩壁。

月球軌道號任務所搜集的資訊成為日後成功登陸月球的關鍵，因為這些資訊，人類得以找出合適的降落地點。遊騎兵號和月球軌道號都是在任務完成後硬著陸撞毀於月表，而巡天者號則是設計為軟著陸於月表。除了一樣要拍照，也測試了沙塵厚度和月表組成成分。七架巡天者號中有五架成功完成任務，不過所有探測器之中，只有巡天者六號（1967 年十一月）在規劃上除了降落於月球以外，也要從月球表面起飛。

↑ 1964 年七月三十一號，遊騎兵七號精準接近月球目的地，在撞擊月表窪地「雲海」北側外圍前十五分鐘，傳送出四千三百一十六張照片。

阿波羅
一到十號

Apollo 1-10

阿波羅任務為美國太空總署第三次載人太空船計畫，目標不只是把人類送上月表再安全帶回來，還包含針對國家對太空研究的需求，建立新技術，令美國在太空研究中取得卓越表現，展開針對月球的科學探索計劃、開發人類在月球環境中工作的能力。

1967 年一月二十七號，美國太空總署面臨了首次太空任務災難，當時葛斯·格里森（Gus Grissom）、愛德華·懷特（Edward White）和羅傑·查菲（Roger Chaffee）在阿波羅一號行前於指揮／服務艙的例行測試中不幸喪生。服務艙有問題，要維持進度變得極為困難。阿波羅一號的災難，讓後續太空船艦加強了安全性。調查之後，太空總署做了不少改變，包含太空艙門修改為向外開啟、在行前測試中，太空艙內使用氧氣與氮氣的混合氣體，而不是百分之百的加壓氧氣、太空衣的材質從尼龍換為不可燃布料，並且更換艙內其他易燃布料，以及採用全新的一套品質控管和安全規章。

下一趟載了太空組員的任務便是阿波羅七號，由瓦利·施拉指揮，此任務有十一天的時間可以測試新的指揮／服務艙。在這趟飛行任務中，施拉利用哈蘇 500C 拍攝了許多照片，包含喜馬拉亞山的照片。他後來得知自己的作品中有部分被印度政府用來協助尋找水資源。

下一趟任務，阿波羅八號脫離了地球軌道，繞過月球後方。這組太空人成為第一批從外太空拍攝到地球畫面的人。《冉升的地球》（Earthrise）被譽為「史上最有影響力的環境攝影」，此作品於 1968 年十二月二十四號，由比爾·安德斯（Bill Anders）利用哈蘇 500EL 相機拍攝。哈蘇 500EL 相機將拍照過程自動化，對焦的時候，雖然光圈和快門速度是由太空人設定，但相機會自動捲片，快門會準備好拍下一張照片。哈蘇 500EL 相機還有一些額外的調整，以利於穿著加壓太空衣和手套時使用。

在阿波羅九號任務第十天，登月小艇在低地球軌道測試其自給太空船艦的功能，進行會合和對接操作。組員帶回了優秀的攝影成果，特別是艙外活動過程的照片，其中一張是大衛·史考特戴著顯眼的紅頭盔準備離開指揮／服務艙。

阿波羅十號任務結束於 1969 年五月，成功達成艱難的挑戰。這系列任務從阿波羅一號的災難開始，結束於阿波羅十號下降到距離月表只有九英里距離處。想當然爾，哈蘇相機也在場紀錄了一切。

→從左上角順時針方向：喜馬拉亞山景，由瓦利·施拉在阿波羅七號任務中拍攝；《冉升的地球》，由比爾·安德斯在阿波羅八號任務中拍攝；阿波羅九號艙外活動過程中，由登月小艇駕駛羅素·史威查特（Russell L. Schweickart）拍攝；月球背面，由阿波羅十號指揮／服務艙拍攝。

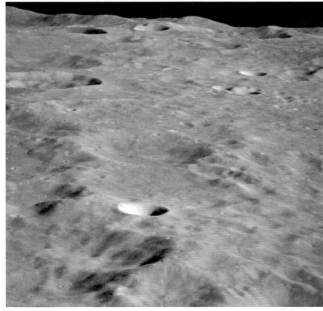

阿波羅十一號的前置作業
Preparation for Apollo 11

阿波羅任務的計畫期間，哈蘇收到設計一款能在月球上使用的相機的詢問。哈蘇在瑞典哥登堡的工廠成立了特別開發小組，與美國太空總署合作。阿波羅一號的火災事故發生後，太空艙中使用的一切材質的安全規範變得更加嚴格，這也包含對相機的要求，其表現必須要能夠達到極為嚴峻的標準。鏡片製造商蔡司進行各項測試，調查在真空中鏡片的光學特性。哈蘇則必須研究如何解決活動部件，特別是快門的潤滑問題，因為潤滑油在真空中會汽化，在齒輪中留下殘餘物質或凝結在鏡片上。任何可能引發火花的部件都必須被淘汰。

曾在美國地理調查隊工作的地質學家傑克·史密特 (Jack Schmitt) 協助太空人做好撿拾岩石樣本的準備。此為登陸月表後的關鍵任務之一，但是太空人究竟有多少時間可以花在此事上則非常難以預期。因為月表溫度差異 (陽光下為華氏一百八十度／攝氏八十二度，陰影中為華氏零下一百六十度／攝氏零下一百零六度)，太空衣中必須含水，用來在太空人工作時冷卻太空衣，因此能在月表工作的時間會隨著所剩的補給水量而異。

在美國休士頓詹森太空中心的九號建築裡，有一座為巴茲·艾德林和尼爾·阿姆斯壯打造的複製版室內登月站，讓他們練習在月表上的工作。他們要全身穿上太空衣和艙外活動裝置，所有裝備和流程都必須經過檢測、演練和計時，這過程包含攝影。到了這個階段，太空人已經學會如何使用哈蘇 500EL，有時是放在胸前的固定位置上使用。由於沒有觀景窗，基本上是對準了就拍。

密集訓練對美國太空總署的整個團隊來說是非常重要的過程，任務控制中心也參與了阿波羅任務太空人和替補團隊的模擬飛行。1969 年一月中到七月中，三位阿波羅十一號的太空人——艾德林、阿姆斯壯和麥可·柯林斯——在為了簡報而必須做的大量閱讀、研究和文書工作之外，訓練了共三千五百二十一個小時。

←尼爾·阿姆斯壯在位於美國佛羅里達州甘迺迪太空中心飛行小組訓練大樓的登月小艇模擬器中。

→巴茲‧艾德林在艙外活動
訓練中使用無觸發器的哈蘇
相機。背景可見尼爾‧阿姆
斯壯在登月小艇工作。

阿波羅十一號太空人
Apollo 11 Astronauts

在飛行模擬裝置中訓練是成功達成阿波羅十一號任務的一個關鍵因素。指揮／服務艙和登月小艇都有各自的模擬裝置。雖然無法完全重現太空環境和太空船艙，至少能讓太空人有機會練習駕駛這些複雜的機器。

尼爾·阿姆斯壯和巴茲·艾德林攜手解決問題，在模擬裝置中嘗試新的點子，並把意見回饋給查理·杜克（Charlie Duke），由他傳遞給飛行任務的長官和工程師。麥可·柯林斯與飛行動力團隊直接合作。到了密集訓練期間的尾聲，阿波羅十一號的組員都已完全為眼前的挑戰做足了準備。

尼爾·奧登·阿姆斯壯 Neil Alden Armstrong
1930 年 8 月 5 日 — 2012 年 8 月 25 日

尼爾·阿姆斯壯在十六歲時取得飛行員執照，並於美國印第安納州普渡大學攻讀航太工程。在哈勒威計畫推行下，阿姆斯壯加入美國海軍服役，換取學費全免。二十歲時，他被調派到 VF-51 咆哮鷹中隊（Screaming Eagles fighter squadron），在韓戰其間執行了七十八次任務，後來加入美國國家航空諮詢委員會。1955 年他成為美國太空總署在加州愛德華空軍基地的飛行研究中心的研究飛行員，於 1962 年以美國太空總署第二組太空人的身份，被轉調至太空人計畫。阿姆斯壯是雙子星八號和阿波羅十一號任務的指揮官。

小艾德溫·尤金·「巴茲」·艾德林 Edwin Eugene "Buzz" Aldrin Jr.
1930 年 1 月 20 日出生

巴茲·艾德林在美國紐約州西點軍校攻讀機械工程。他加入空軍，並於韓戰期間服役，飛行了六十六趟任務。1955 年他從阿拉巴馬州麥斯威爾空軍基地的空軍軍校畢業，駐點於西德。1963 年，他取得麻省理工學院航太學博士，分發到空軍航空師，進而申請加入太空人大隊，但起初因為他不是試飛員而遭到拒絕。在這條規則取消後，1963 年十月，他便被選入太空人計畫。艾德林是雙子星十二號的駕駛，也是阿波羅十一號的登月小艇駕駛。

麥可·柯林斯 Michael Collins
1930 年 10 月 31 日出生

1952 年麥可·柯林斯取得美國紐約州西點軍校理學士學位，後來加入空軍，同時兼任戰鬥機駕駛以及加州愛德華空軍基地實驗性試飛員。受到 1962 年約翰·葛倫的飛行任務啟發，柯林斯進而申請太空人計畫，但是首次申請並沒有成功。1963 年，柯林斯在德州蘭多夫空軍基地工作的時候，美國太空總署飛行任務組員辦公室主任狄克·史萊頓 (Deke Slayton) 致電問他是否仍有興趣成為太空人。柯林斯後來成為雙子星十號的駕駛，以及阿波羅十一號指揮／服務艙駕駛。

阿波羅十一號上的三台哈蘇相機
Three Apollo 11 Hasselblads

三台哈蘇 500EL 相機被帶上阿波羅十一號，其中兩台是傳統相機，針對太空人使用需求做過調整，搭配蔡司 Planar 80mm f/2.8 鏡頭。這兩台之中的其中一台相機在整趟任務中都與 250mm 望遠鏡頭和兩個額外的底片匣一起留在指揮／服務艙內，而另一台則是跟另外兩個備用底片匣一起放在登月小艇上，這兩台相機都是在太空船艙內使用。

第三台哈蘇相機也是放在登月小艇上，這是 500EL 數據相機，已經改動設計好在月球表面上使用，在許多方面與另外兩台不同。最顯著的差別就是機身上和底片匣的銀色塗層，這是為了讓內部溫度起伏降到最低所做的設計。

數據相機配用了標記基準的網格片（Réseau plate），這是一片表面上刻了細緻的十字線條的玻璃片。這些十字線條的目的，是要讓人可以判定照片中物件的距離，所有月表拍攝的照片上都有。網格片並非新發明，較大規模的航空攝影相機都會使用，但是用在太空攝影上卻造成了潛在的問題。底片捲動的時候會產生靜電，在傳統哈蘇相機上，這樣的靜電可以直接透過底片捲動機制中的金屬疏散，不會產生任何傷害。可是在數據相機裡加入了不導電的玻璃板，代表著靜電會累積，提高產生火花的可能性，而火花在純氧環境中就有引發火災的危險。最後解決方法是在玻璃板面對底片的側面加裝一片極薄的導電層，將靜電安全引導到相機的金屬構造中。

哈蘇與蔡司合作，專為美國太空總署設計了一款可搭配網格玻璃板的鏡頭：蔡司 Biogon 60mm f/5.6，經過仔細調校，確保拍攝成果是最高品質的畫面，僅會產生最微小的畸變狀況。

哈蘇相機的可替換式底片匣讓人在太空中也可以輕易使用，但是標準底片匣是設計給 120 底片用的，這種底片為紙質，大小只有十二張 2¼ x 2¼ 英寸（60x60 毫米）底片。美國太空總署將其修改為可使用七十毫米底片的規格，這在當時還只是哈蘇相機的開發階段，第一個對外販售的底片匣只能裝大約十八呎（五點五公尺）的底片，可拍攝七十張照片。底片製造商為彩色底片開發了一種薄的聚酯纖維材質，最後底片匣能裝得下三十八到四十二呎（十一點五到十三公尺）的底片，足以拍攝約兩百張照片。

另一項重要的改變是胸前固定裝置。這個設計能讓數據相機固定在太空人胸前，並維持在可操作的位置，讓太空人在月表執行任務時，可以同時輕易、順手、穩定地拍下照片。

←哈蘇 500EL 相機，阿波羅十一號任務中帶了兩台。

→哈蘇 500EL 數據相機。這台
相機的設計被特別改造為可在
月表使用的規格。

任務控制中心與太空艙通訊員
Mission Control & CAPCOM

任務控制中心的發展，對登月成功存在著無可或缺的影響。在這裡，飛行控制團隊可以提供太空人至關重要的支援。1962 年，德州休士頓詹森太空中心打造了新的任務控制中心。

隨著科技從類比進步到了數位，眾人意識到系統也必須跟著計劃演化，到了 1969 年七月十六號，阿波羅十一號發射後，任務控制的資源便大幅改變。數據開始能夠顯示在與大型電腦主機網相連的螢幕上，由工程師和主管監控主要數據、提供支援。阿波羅十一號任務所取得的經驗和知識成為了未來現代電腦運算的基礎。

任務控制中心位於詹森太空中心三十號建築裡，空間很大，分為兩個部分，控制區在前面，正面是玻璃的觀看室位於後方，提供七十四個座位給訪客使用。控制區有四排控制桌，上面架設了螢幕，像禮堂一樣採用階梯式座位，視線焦點都聚集在最前面牆上的大型顯示器和投影幕。室內前方的控制桌被稱之為「壕溝」，由飛行動力組使用，受飛行動力組長指揮，簡稱「FIDO」（Flight Dynamics Officer）。

另一個重要角色是太空艙通訊員(CAPCOM，CAPsule COMmunicator)，此職位是任務控制組唯一一個可以直接與太空中的組員對話的人，並一定是由太空人來負責這份工作，因為他們是最能夠理解組員具體經歷何事的人，也是最清楚該如何與他們溝通的人。巴茲・艾德林簡述了這段關係：「在任務控制中心大小螢幕上顯示的資訊，以及我們在太空中遇見的一切狀況的回饋訊息，我們最需要的，都透過太空艙通訊員流暢傳遞。」

在阿波羅十一號任務中，十一名太空人接下了太空艙通訊員的角色，輪流上陣。在登月任務這部分，擔任太空艙通訊員的是查理・杜克，而進行艙外行動時的太空艙通訊員則是布魯斯・麥坎德雷斯（Bruce McCandless）。麥坎德雷斯的工作內容有一部分是針對太空人的工作給予提示，包含提醒他們拍照。透過任務控制中心牆上由電視攝影機傳送的畫面，他可以看見工作中的太空人，並時時提醒阿姆斯壯和艾德林拿起哈蘇相機。

艙外行動時長約兩個半小時，所以太空艙通訊員很重要，必須將在月表的時間做最大利用，甚至還要接通總統從白宮橢圓辦公室打來的電話。

↗在休士頓詹森太空中心的太空艙通訊員。
→位於佛羅里達州甘迺迪太空中心的發射控制小組。

起飛與降落
Take-off & Landing

1969 年七月十六號上午九點三十二分，阿波羅十一號任務的農神五號運載火箭以兩千噸的液態氧、液態氫和煤油推進劑驅動，由佛羅里達州甘迺迪角起飛。兩小時四十四分鐘後，麥可·柯林斯點燃農神五號的第三階段火箭引擎，帶阿波羅十一號脫離地球軌道，飛往月球。

巴茲·艾德林很清楚地描述了下一個階段：「燃燒狀況很成功，所以是時候放掉第三階段火箭了。但是我們首先要把儲放在第三階段的登月小艇移出，因為保護層已完全脫離，登月小艇現在是暴露在外的狀態。我們讓指揮艙脫離火箭往前飛，接著回轉，回頭往登月小艇移動。麥可熟練地把指揮艙鼻頭對準登月小艇鼻頭，一切就跟他在模擬訓練時做的幾百次練習一樣。」

抵達月球得花三天時間，並且還要進行兩次燃燒才會進入月球軌道。面對這麼靠近月球的景色，太空人完全沒有辦法先有心理準備。柯林斯形容這景象為：「無聲無息、靜止不動的景象，令人生畏。」後來他說：「腦海中第一個念頭，就是地球與月球外觀上如此顯著的差異。一定得近距離看到後者，才會懂得珍惜前者的好。我相信對地質學家來說，月球一定是個很棒的地方，但這單調的岩石堆、我窗外這個被太陽曬到乾枯的桃核，跟它所繞行的寶石完全無法相比。」

七月二十號，太空組員都做好準備，要讓指揮／服務艙與登月小艇脫離。對這三個大男人來說，操作空間非常有限，不過他們最後仍成功從兩側封閉了艙門。經歷一百小時又十二分鐘的飛行之後，載著阿姆斯壯和艾德林的登月小艇老鷹號解除鎖定、脫離指揮／服務艙哥倫比亞號。柯林斯靠肉眼觀測確認老鷹號的損傷狀況——特別是針對降落設備——並利用哈蘇相機拍下一系列照片，阿姆斯壯則轉身躍入了太空中。

老鷹號降落在寧靜海，與預計落地地點相差四英里（六點四公里），降落時間也提早了幾乎一分鐘半。降落過程令人無法鬆懈：老鷹號上發生電腦過載問題，原定降落地點的岩石大小讓阿姆斯壯決定改變航向以避免造成損壞，這過程幾乎用盡了燃料。

阿姆斯壯對太空艙通訊員和柯林斯描述自己從舷窗看出去的景象：「左手邊整個區域是相對平坦的平原，上頭有大量隕石撞出的隕石坑，大小差異從五呎到五十呎，有些隆起處很小，我猜大概二十、三十呎高。整個地區大概有幾千個規模微小，大約一到兩呎的坑洞。」

柯林斯說聽起來比原定的降落地點好，阿姆斯壯也同意道：「真的很崎嶇，麥可。原定目標降落區域極度崎嶇，到處是坑洞，還有大量的岩石，其中可能——有些，還不少——超過五呎或十呎的大小。」柯林斯說如果覺得有疑慮，就停遠一點，阿姆斯壯回覆：「我們就是這麼做了。」

↓寧靜海的景象，圖為原定降落地點，從指揮／服務艙哥倫比亞號中拍攝。

←阿波羅十一號任務的農神五號運載火箭在 1969 年七月十六號上午九點三十二分起飛。

人類的一小步與經典畫面
Small Steps & Iconic Images

人類第一次踏上月表，僅待了兩小時半，這段時間中都在攝影和進行實驗性活動。巴茲・艾德林在自傳《壯麗的荒涼》（Magnificent Desolation）（這是他用來簡述自己站在月表的第一印象的詞彙）中寫下美國太空總署對於攝影的想法：

「說來諷刺，在月球上攝影這件事，直到出發前都沒有安排如何執行。美國太空總署的公關負責人沒有說『嘿，你們要多拍點有的沒的照片喔。』大家對科學都很有興趣，所以我們就針對科學面拍了一些照片，剩下的就是興奮的紀念照。我們本來也沒計畫要拍很多興奮的照片，結果後來事實證明，這些照片還滿重要的。這批照片道出了我們的探險故事，讓大眾可以一探究竟，現在也被編入了歷史書籍裡。」

尼爾・阿姆斯壯從登月小艇中放下梯子的時候，也轉動控制桿，讓工作台側落下來。這個工作台除了設計為一個平面的工作空間，也露出電視攝影機，立刻開始拍攝有點模糊的黑白畫面，把阿姆斯壯的第一步，以及現在家喻戶曉的句子傳送回地球：「我的一小步，是人類的一大步。」艾德林接著用一條繩子把哈蘇相機傳給阿姆斯壯，阿姆斯壯進一步把相機掛在胸前的裝置上，開始按照清單拍攝。

个艾德林的拍攝清單中有一項是「拍腳印」，這個工作是研究月表塵土以及壓力影響月表的實驗之一。從月球回地球三週後，也就是1969 年八月十三號，三名太空人獲頒自由勳章。艾德林在授勳演說中提起這張經典照片：「希望藉由阿波羅計畫，我們能開始往各個方向發展，不只是太空，還有海底，還有每一個城市，讓我們不要忘記未來會做、且一定要做的事。月球表面上現在有人類腳印，那些腳印屬於每一個人，屬於全人類。那些腳印之所以會在月表上，是因為有百萬人流血、流淚和揮汗。那些腳印就是真正的人類精神的象徵。」

個最為人知的照片之一，由阿姆斯壯拍攝。這張照片不在計畫中，甚至不在拍攝清單上，但是阿姆斯壯身為攝影師，在這張作品中展現了技巧。照片拍的是艾德林，艾德林後來說：「他拍攝的照片中，最有力量的就是那張『護目鏡照』。這張照片可能是我們那趟旅程中曝光度最高的照片。的確，這張照片可能是所有登月照片中最廣為人知的一張，也可能是史上最有名的照片。照片很簡單，就是我站在粗糙的月表，左手插著腰，地平線往我身後漆黑的太空中延伸。但如果你往我的頭盔金色護目鏡仔細點看，就能看見老鷹號和它的降落台、我的影子和太陽的光暈效果、我們架設的數個實驗，甚至連拍照的尼爾都看得到。這張照片真的很驚人。」

個另一張難忘的照片是美國國旗，用一根桿子固定著上緣，製造出一種「飄揚」的錯覺，但其實月球沒有大氣，不會有這種動態。巴茲‧艾德林後來說從月表離開的時候看見國旗被登月小艇的排氣掃倒。2012 年時，月表的照片揭露所有阿波羅號留下的旗幟造成的陰影，唯獨阿波羅十一號的旗幟沒有，這點證實了艾德林的說詞。

哈蘇相機與科學觀察
Hasselblad & Scientific Observation

哈蘇相機在月球上的科學觀察中扮演了重要的角色，清楚的拍攝到另一個世界的模樣，同時也有助於解釋太空人在月表的行動。以下是縫在每個太空人的手套上的「袖口清單」，上面包含：

● **月球雷射測距實驗**：此實驗透過反射器將雷射光映照回發出點，藉此來準確計算地球和月球間的距離。除了提供非常準確的月球到地球間的距離量測以外（238,897 英里／ 384,467 公里），也能一窺月球軌道和轉動狀況，進而得知月球以每年一寸半（3.8 公分）的速度慢慢遠離地球。

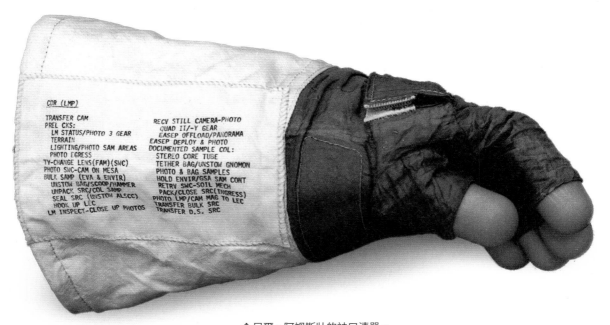

个尼爾‧阿姆斯壯的袖口清單。

● **被動式地震實驗**：目的是要測試「月球地震」以及流星體、人造物件造成的地震影響，以了解月球內部結構。

● **太陽風組成實驗**：利用鋁製面板搜集太陽釋出到宇宙中的原子微粒。在七十七分鐘的時間中，捕捉到了氦離子、氖離子和氬離子。

● **土壤力學調查**：研究月球土壤的力學特徵。

● **月球表面地質**(Lunar Field Geology)：包含搜集地質岩石樣本，並加以紀錄、打包、儲放。阿波羅十一號任務帶回了將近四十八磅（二十二公斤）的岩石和土壤樣本。

● **持哈蘇相機攝影**：記錄月表活動。實驗進行的過程和天然地表樣貌都由哈蘇相機拍攝，為史上第一趟月球探勘活動留下攝影紀錄，讓全世界的沙發太空人得以享受活動過程。

↑艾德林搭建太陽風組成實驗器材。

↑艾德林展開被動式地震實驗。

全景照片
Panoramas

个 這些全景相片是由巴茲·艾德林利用哈蘇相機拍攝的 70 毫米相片拼湊而成。

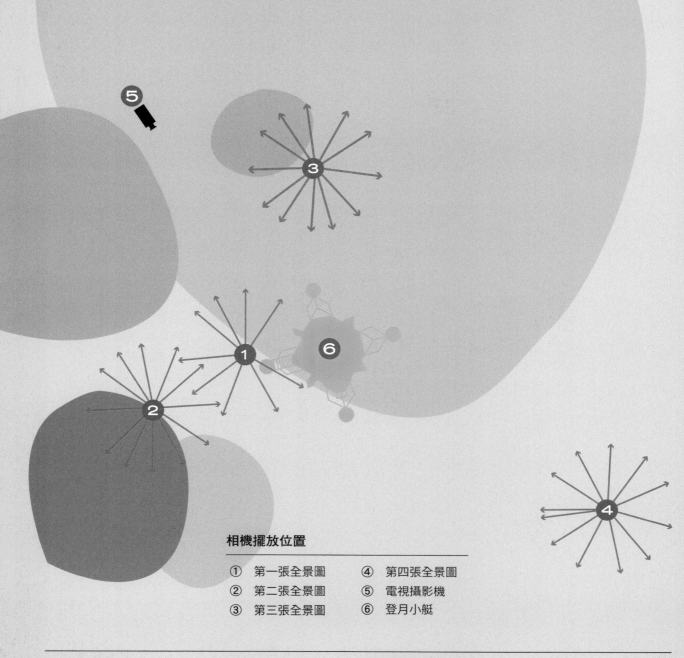

相機擺放位置

①	第一張全景圖	④	第四張全景圖
②	第二張全景圖	⑤	電視攝影機
③	第三張全景圖	⑥	登月小艇

留下相機
Leaving the Cameras Behind

今日，寧靜海上有兩台哈蘇相機，整個月表上共有十二台哈蘇相機。為了減少回程時的重量，任何非必要的品項都會被留下，在取出拍過的底片後，銀色哈蘇 500EL 數據相機和登月小艇上的哈蘇 500EL 相機主體和鏡頭就被留了下來。

從月球起飛的過程很順利，登月小艇與底座分離開來，升空與指揮／服務艙對接。將所有底片和岩石搜集盒都搬過去後，柯林斯便釋放登月小艇，任其飄入太空中。下一個重要的行動是兩分半鐘的燃燒過程，讓他們能脫離月球軌道，此事於月球背面完成，與地球的聯繫就此斷開。

柯林斯記得他們都輪流把玩相機，拍下月球和地球的照片：「月球從這側看是一個圓滿的金棕色球體，在陽光下閃閃發亮。這景緻充滿正能量，但是從窗戶看出去能看見月球慢慢變小、小小的地球慢慢變大還是很棒。」

也許整趟任務中最不舒服的階段就是落水過程了。太空艙上下顛倒地直落兇險的大海中，讓太空人被安全帶吊掛著、視線只能望向水底。最後太空艙被直升機吊起，送到一旁等待的航空母艦大黃蜂號上，阿波羅號的組員就在船艦上的移動式檢疫設施中待了五天。

超過五億三千萬人透過電視觀賞了登月過程，各界都展現了強烈的興趣。底片匣很快就送洗，轟動的照片被複印無數次、傳遍全世界，各家雜誌刊物例如《生活》雜誌將照片做成特刊。維多·哈蘇獲邀觀賞阿波羅十一號發射過程，並收到一組複製的照片，讓他帶回瑞典。哈蘇相機在月球成功運作，是他最偉大的成就之一。

↘阿波羅十一號的組員在落水後等著直昇機來接。小筏上的第四人為美國海軍水中爆破隊游泳員。

→阿波羅十一號組員在隔離檢疫，尼克森總統歡迎太空人登上大黃蜂號航空母艦。

陰謀論
Conspiracy Theories

阿波羅十一號任務後的十年裡，關於登月的陰謀論開始流傳了起來。說的不外乎是這一切都是假的、人類根本沒有真的踏上月表。而哈蘇相機拍攝的照片則非常諷刺地被引用為證明這一切都是騙局的證物。

比爾・凱辛（Bill Kaysing）是這主題的第一本出版品的作者，《我們從未登陸月球：美國三百億詐騙案》（We Never Went To The Moon: America's Thirty Billion Dollar Swindle）一書於 1976 年自費出版。凱辛使用許多阿波羅十一號的照片做為主要辯證，宣稱它們證明了登月這件事根本是假的。以下是幾個凱辛以及其他陰謀論者的論點，以及幾個反駁的解釋說法：

陰謀論：月表照片中沒有星星。
反駁：月球「白天」的時候（艾德林和阿姆斯壯在月表的時候），陽光非常刺眼，佔據整個天空，星星的微光都被蓋過去了。月球表面也會反光，讓光線變得更亮。

陰謀論：登月小艇下方沒有出現受衝擊後留下的坑洞。
反駁：月球表面的引力只有地球的六分之一，這對各種的力有相當大影響。登月小艇的衝擊力量被發散出去，而不是針對一點撞擊，所以撞擊的狀況就減弱很多。

陰謀論：登月的場景是在休士頓詹森太空中心九號樓裡搭建的攝影棚。在登月行動前一年史丹利・庫柏力克（Stanley Kubrick）空前的科幻電影《2001 太空漫遊》（2001：A Space Odyssey）問世，顯得特別令人玩味。
反駁：在九號樓進行的艙外活動演練包含月表工作的各

个美國國旗的照片被陰謀論者利用，因為國旗顯示為在風中飄揚的模樣。實際上國旗打開以後，皺摺都留在上面了，而且每張照片都有一樣的摺痕。

個層面。也許最有說服力的反擊點應該是艙外活動練習並不是什麼秘密：要騙人的話，這些活動一定會被保護得更好才對。

陰謀論：陰影的角度和顏色不一致，表示攝影過程中使用了人造光源。

反駁：月表有大量反射光線，除此之外還有起伏的地勢，讓陰影的位置變得更複雜，會像一般的攝影用反光板一樣讓光線「填滿」陰暗空間。隕石坑和凹洞也會造成陰影看起來較長、較短甚至變形的效果。

陰謀論：照片的品質好得令人難以置信。

反駁：這點有一部分是源自於哈蘇相機、鏡頭和中幅底片的品質，也有部分因為發布的照片都是最好的。其實有不少模糊失焦或是取景不甚成功的照片，但是美國太空總署沒有公開那些照片。

↑凱辛拿出練習時的照片，照片中是艾德林和阿姆斯壯全身裝備齊全，凱辛表示演習場地在佈置完後，就可以創造出逼真的月球場景。

THE
MISSION

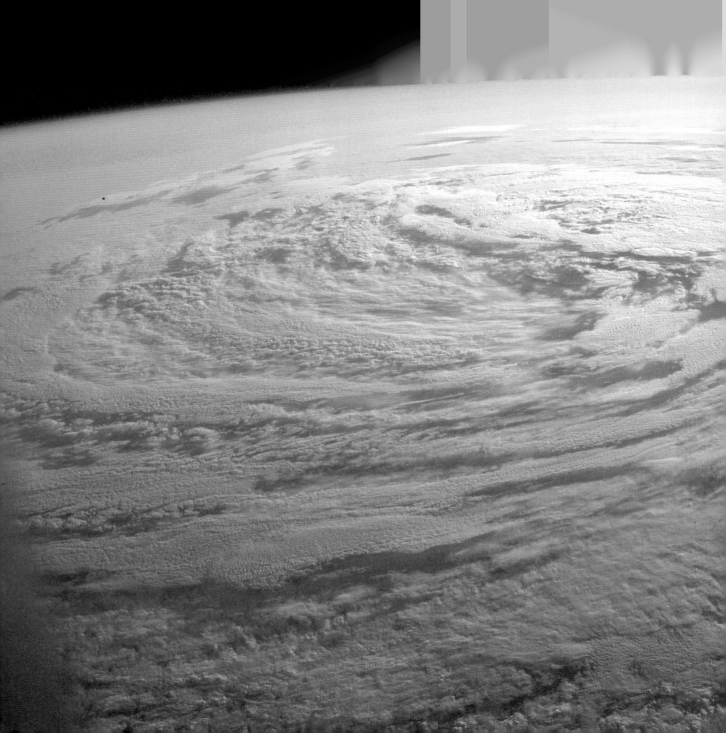

00:01:19:57 柯林斯 COLLINS：

我的老天爺，看看那地平線。

JESUS CHRIST, LOOK AT THAT HORIZON.

00:01:19:59 阿姆斯壯 ARMSTRONG：

真不是蓋的。

ISN'T THAT SOMETHING?

00:01:20:00 柯林斯 COLLINS：

天啊，真的好美，好不真實。

GOD, THAT'S PRETTY; IT'S UNREAL.

00:01:20:08 阿姆斯壯 ARMSTRONG：

把它拍起來。

GET A PICTURE OF THAT.

00:01:20:10 柯林斯 COLLINS：

喔當然，我一定要拍。我的哈蘇相機不見了……
有人看到哈蘇相機飄到哪去嗎？
應該跑不了太遠才對——
畢竟那東西大成這樣。

OOH, SURE, I WILL. I'VE LOST A HASSELBLAD... HAS ANYBODY SEEN A HASSELBLAD...
FLOATING BY? IT COULDN'T HAVE GONE VERY FAR –
BIG SON OF A GUN LIKE THAT.

← 日出

地球軌道上的景象。麥可・柯林斯拍下地球向東面向太陽的
模樣。這時候，日出使一個低氣壓的形成顯得一清二楚。

任務時鐘　日：時：分：秒

00:03:21:19 柯林斯 COLLINS：

對，六張底片光圈十五，
我猜到最後你可能要調整一下。

YES, IT'S SIX FRAMES AT 15; I SUGGEST TO-
WARD THE END YOU PROBABLY GOOSE IT
UP A LITTLE BIT.

00:03:21:23 艾德林 ALDRIN：

你想要把整個拍下來嗎？

YOU WANT TO GET THE WHOLE THING?

00:03:21:24 阿姆斯壯 ARMSTRONG：

我不在乎啊⋯⋯光看著它⋯⋯

I DON'T CARE...TELL BY LOOKING AT...

00:03:21:32 艾德林 ALDRIN：

問題是這東西在這裡，
我用哈蘇相機也拍不到什麼。
那窗戶沒什麼用。

THE THING IS, WITH THIS SITTING THERE,
I CAN'T GET MUCH WITH THE HASSELBLAD.
THAT WINDOW'S NO GOOD, I'M AFRAID.

換方向對接 →

脫離了地球軌道後，巴茲・艾德林在指揮／服務艙對準位
置準備與登月小艇對接時，用哈蘇相機連拍了七張照片。

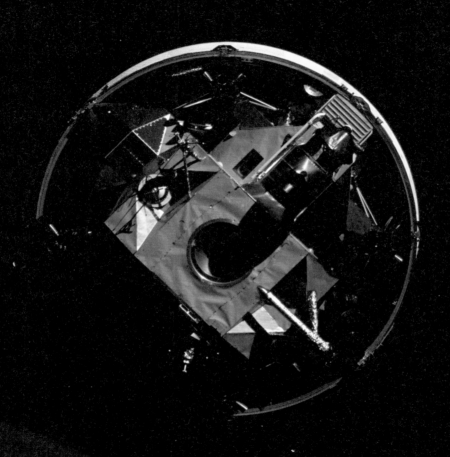

01:00:41:40 柯林斯 COLLINS：

嗯，果不其然，地球滿亮的，黑色的天空其實不黑，有一種玫瑰色的光澤。
星辰除非是特別亮的，否則可能就被隱沒在那光澤下，肉眼看不到。
我讓標線片遠高過地平線就是為了確保星星不會被地平線下方的光芒吞噬，然而即便
我讓標線片遠高過地平線，應該要能看見黑色空中的星辰，卻仍然看不見星星。

WELL, OF COURSE, THE EARTH IS PRETTY BRIGHT, AND THE BLACK SKY, INSTEAD OF BEING BLACK, HAS SORT
OF A ROSY GLOW TO IT. THE STAR, UNLESS IT IS A VERY BRIGHT ONE, IS PROBABLY LOST SOMEWHERE IN THAT
GLOW, BUT IT IS JUST NOT VISIBLE. I MANEUVERED THE RETICLE CONSIDERABLY ABOVE THE HORIZON TO MAKE
SURE THAT THE STAR IS NOT LOST IN THE BRIGHTNESS BELOW THE HORIZON. HOWEVER, EVEN WHEN I GET THE
RETICLE CONSIDERABLY ABOVE THE HORIZON SO THE STAR
SHOULD BE SEEN AGAINST THE BLACK BACKGROUND, IT STILL IS NOT VISIBLE.

← 地球的模樣

這張地球的模樣是在約莫一萬海哩外拍攝的。
照片可見太平洋以及北美和中美洲大陸。

03：04：05：32 艾德林 ALDRIN：

喔天啊，相機給我。
這裡有個超大、超驚人的隕石坑。
真希望現在相機上是另一顆鏡頭。
但是老天爺啊，真的是美呆了。
尼爾，你要不要看看？

OH, GOLLY, LET ME HAVE THAT CAMERA BACK. THERE'S
A HUGE, MAGNIFICENT CRATER OVER HERE. I WISH
WE HAD THE OTHER LENS ON, BUT GOD, THAT'S A BIG
BEAUTY. YOU WANT TO LOOK AT THAT GUY, NEIL?

03：04：05：43 阿姆斯壯 ARMSTRONG：

我看到了。

YES, I SEE HIM.

03：04：05：45 艾德林 ALDRIN：

它往你的方向去了。

HE'S COMING YOUR WAY.

月表隕石坑 →

這張照片是在接近降落點的時候拍的，照片中可以看見戴達羅斯
環形山（Daedalus Crater）。戴達羅斯環形山是位於月球背面的隕
石坑，直徑五十七英里（九十公里），總深一點九英里（三公里）。

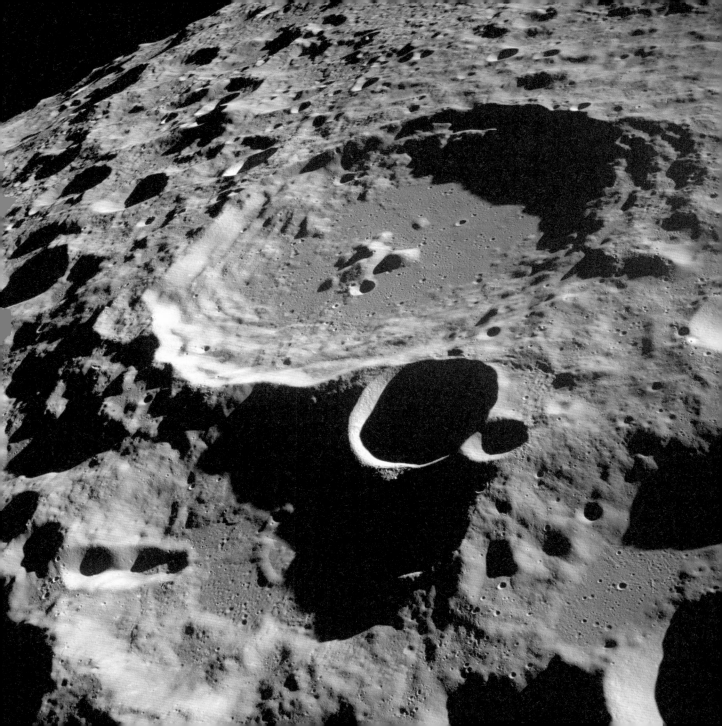

03:04:14:57 柯林斯 COLLINS：

好，直到地球出現為止我們不該再拍這捲底片了，我覺得應該沒辦法，這……

OKAY, WE SHOULDN'T TAKE ANY MORE PICTURES ON THIS ROLL UNTIL EARTH COMES, I DON'T THINK; THIS IS...

03:04:15:01 阿姆斯壯 ARMSTRONG：

要拍完了？

ABOUT OUT?

03:04:15:02 柯林斯 COLLINS：

快拍完了，而且是我們最後一卷彩色底片，
所以我們回到地球就要換成黑白底片了。

JUST ABOUT OUT AND IT'S ON OUR LAST COLOR ROLL,
SO WE'LL SWITCH TO BLACK AND WHITE
AS SOON AS WE GET TO EARTH.

03:04:15:13 艾德林 ALDRIN：

來囉，要出來了。

THERE IT IS, IT'S COMING UP.

← 再升的地球

地球從月球地平面升起。下方的月表地勢被稱為 Mare Smythii，也就是拉丁文
的「史密斯海」，此地是以十九世紀英國天文學家威廉・亨利・史密斯命名。

04:04:17:15 阿姆斯壯 ARMSTRONG：

模組化裝備儲藏組件沒問題？

THE MESA'S STILL UP?

04:04:17:19 柯林斯 COLLINS：

對。

YES.

04:04:17:20 阿姆斯壯 ARMSTRONG：

好。

GOOD.

04:04:17:49 柯林斯 COLLINS：

看起來沒問題。

NOW, YOU'RE LOOKING GOOD.

04:04:17:59 艾德林 ALDRIN：

收到。老鷹號分離了。
老鷹有翅膀了。
看起來不錯。

ROGER. EAGLE'S UNDOCKED.
THE EAGLE HAS WINGS.
LOOKING GOOD.

往月球之旅 →

指揮／服務艙和登月小艇分開後，麥可‧柯林斯
開始透過肉眼檢視登月小艇的登陸裝備狀況。

04:13:23:38 阿姆斯壯 ARMSTRONG：

我站在梯子尾端，登月小艇的支撐腳只陷入表面一到兩吋，
不過當你靠近，表面看起來像是非常、非常細的沙。
這沙幾乎是粉末狀。在那裡，真的非常細。

I'M AT THE FOOT OF THE LADDER. THE LM FOOTPADS ARE ONLY DEPRESSED
IN THE SURFACE ABOUT 1 OR 2 INCHES, ALTHOUGH THE SURFACE APPEARS
TO BE VERY, VERY FINE GRAINED, AS YOU GET CLOSE TO IT. IT'S ALMOST LIKE
A POWDER. DOWN THERE, IT'S VERY FINE.

04:13:23:43 阿姆斯壯 ARMSTRONG：

我要走下登月小艇了。

I'M GOING TO STEP OFF THE LM NOW.

04:13:24:48 阿姆斯壯 ARMSTRONG：

我的一小步，是人類的一大步。

THAT'S ONE SMALL STEP FOR MAN,
ONE GIANT LEAP FOR MANKIND.

← 腳印

這張知名的照片拍的是巴茲·艾德林的腳印，其實這是土壤力學實驗，用來顯
示他的腳印深度，但是照片的重要程度不止如此。艾德林說過：「這照片拍下
來的是人類登上月球的證據。」

04:13:42:28 阿姆斯壯 ARMSTRONG：

你還有三階，然後一階高的。

YOU'VE GOT THREE MORE STEPS AND THEN A LONG ONE.

04:13:42:42 艾德林 ALDRIN：

好。我把這腳留在上面這裡，
雙手向下到大概第四根梯桿的位置。

OKAY. I'M GOING TO LEAVE THAT ONE FOOT UP THERE AND BOTH HANDS DOWN TO ABOUT THE FOURTH RUNG UP.

04:13:42:50 阿姆斯壯 ARMSTRONG：

做得好。

THERE YOU GO.

04:13:42:53 艾德林 ALDRIN：

好。我應該會再做一次一樣的動作。

OKAY. NOW I THINK I'LL DO THE SAME.

04:13:43:01 阿姆斯壯 ARMSTRONG：

再來一點。大概再一吋。

A LITTLE MORE. ABOUT ANOTHER INCH.

04:13:43:05 阿姆斯壯 ARMSTRONG：

你成功了。

THERE YOU GOT IT.

離開登月小艇 →

尼爾・阿姆斯壯拍下巴茲・艾德林從登月小艇下降到月表的過程。不過，穿著全套太空衣和頭盔下登月小艇的過程十分棘手，因為有些時候可動空間只有一英寸（二點五公分）而已。

04:13:51:35 麥克坎德雷斯 MCCANDLESS：

尼爾，這裡是休士頓。
已確認。
我們收到新照片了。
看得出來用的是焦距比較長的鏡頭。
也跟各位報告，
所有登月小艇系統都沒問題。
完畢。

NEIL, THIS IS HOUSTON.
THAT'S AFFIRMATIVE.
WE'RE GETTING A NEW PICTURE.
YOU CAN TELL IT'S A LONGER FOCAL LENGTH LENS.
AND FOR YOUR INFORMATION,
ALL LM SYSTEMS ARE GO.
OVER.

04:13:51:46 艾德林 ALDRIN：

很高興聽到這消息。謝謝你。

WE APPRECIATE THAT. THANK YOU.

04:13:52:19 艾德林 ALDRIN：

尼爾正在揭開板子。

NEIL IS NOW UNVEILING THE PLAQUE.

←「我們是為了和平而來」
尼爾‧阿姆斯壯描述他在拍攝之後會永遠留在月球上作為登
月紀錄的板子時遇到的問題：「曝光度只能用猜的，所以我
拍了好幾張不同曝光的照片，試著想把板子拍下來。」

04:14:03:20 阿姆斯壯 ARMSTRONG：

好。你可以做記號了，休士頓。

OKAY. YOU CAN MAKE A MARK, HOUSTON.

04:14:03:24 麥克坎德雷斯 MCCANDLESS：

收到。太陽風。

ROGER. SOLAR WIND.

04:14:03:36 艾德林 ALDRIN：

順便說一下，你可以用那東西造成的影子來讓它跟地面垂直。

AND, INCIDENTLY, YOU CAN USE THE SHADOW THAT THE STAFF MAKES TO GET IT PERPENDICULAR.

04:14:03:50 麥克坎德雷斯 MCCANDLESS：

收到。

ROGER.

太陽風組成實驗 →

巴茲・艾德林站在自己剛架設好，指向太陽方向的太陽風組成實驗器材旁。實驗器材被放在那裡一小時十七分鐘，然後被捲起、裝袋、妥善收入艙內，準備帶回地球進行分析。

04:14:09:18 麥克坎德雷斯 MCCANDLESS：

我猜全世界大概就只有你沒有電視頻道可以看現場畫面了。

I GUESS YOU'RE ABOUT THE ONLY PERSON AROUND THAT DOESN'T HAVE TV COVERAGE OF THE SCENE.

04:14:09:25 柯林斯 COLLINS：

沒關係，我一點都不介意。

THAT'S ALRIGHT. I DON'T MIND A BIT.

04:14:09:33 柯林斯 COLLINS：

電視畫面畫質如何？

HOW IS THE QUALITY OF THE TV?

04:14:09:35 麥克坎德雷斯 MCCANDLESS：

喔，美極了，麥可。真的很美。

OH, IT'S BEAUTIFUL, MIKE. IT REALLY IS.

04:14:09:39 柯林斯 COLLINS：

天啊，那太好了！
光線還算過得去嗎？

OH, GEE, THAT'S GREAT! IS THE LIGHTING HALF WAY DECENT?

04:14:09:43 麥克坎德雷斯 MCCANDLESS：

很好喔。他們已經把國旗掛起來了，可以看到星條旗幟在月表的畫面。

YES, INDEED. THEY'VE GOT THE FLAG UP NOW AND YOU CAN SEE THE STARS AND STRIPES ON THE LUNAR SURFACE.

← 對國旗行禮

任務後的記者會上，尼爾·阿姆斯壯解釋道：「一開始遇上了一些困難，首先，要把國旗的旗桿立起來固定就不容易。要插入月球表面，我們發現大多數物體都只能掘入五英寸到六英寸。」

04:14:31:29 艾德林 ALDRIN：

我要拍的全景照片大概離⋯⋯三十或四十呎。

THE PANORAMA I'LL BE TAKING IS ABOUT 30 OR 40 FEET OUT TO PLUS...

04:14:31:39 麥克坎德雷斯 MCCANDLESS：

再說一次離哪一根支柱，巴茲？

SAY AGAIN WHICH STRUT, BUZZ?

04:14:31:43 艾德林 ALDRIN：

正 Z 支柱。

THE PLUS Z STRUT.

第二張全景圖 →

巴茲・艾德林的正 Z 全景相片是唯一一張直接拍到尼爾・阿姆斯壯在月表的照片。阿姆斯壯在月表上大部分的時間都拿著相機，艾德林則負責進行實驗。

04:14:41:25 艾德林 ALDRIN：

對了，休士頓？我是巴茲。
我這裡顯示壓力 3.78 PSI，百分之六十三，
沒有警訊，一切都充足，有點熱。

AND, HOUSTON? BUZZ HERE.
I'M SHOWING 3.78 PSI, 63 PERCENT,
NO FLAGS, ADEQUATE, SLIGHT WARMING.

04:14:42:01 阿姆斯壯 ARMSTRONG：

收到。尼爾的氧氣還有百分之六十六，沒有警訊，
降溫程度最小值，太空衣壓力是 382。

ROGER. AND NEIL HAS 66 PERCENT O2, NO FLAGS, MINIMUM COOLING, AND
THE SUIT PRESSURE IS 382

04:14:42:14 麥克坎德雷斯 MCCANDLESS：

休士頓。收到。完畢。

HOUSTON. ROGER. OUT.

← 護目鏡照

與麥克坎德雷斯通訊完畢後，尼爾・阿姆斯壯拍下了那張後來被稱為「護目鏡
照」的照片，該作品成為所有月表照片中被複印最多次的照片。在那張全身照
之中，護目鏡中的反射可見寧靜海基地和攝影師阿姆斯壯本人。

04:14:50:26 艾德林 ALDRIN：

角度太大了，尼爾。

JUST TOO BIG AN ANGLE, NEIL.

04:14:50:34 阿姆斯壯 ARMSTRONG：

對啊，我同意。

YEAH. I THINK YOU ARE RIGHT.

越過登月小艇看地球 →

抬頭往後靠、拍下登月小艇上方的地球並不簡單，因為太空衣很僵硬，
還有笨重的攜帶式維生系統。在陽光灑落的地球上可以看得見澳洲。

04:15:02:49 艾德林 ALDRIN：

收到。我說在幫被動式地震實驗找水平的時候沒有太順利。

ROGER. I SAY I'M NOT HAVING TOO MUCH SUCCESS IN LEVELING THE PSE EXPERIMENT.

04:15:03:57 阿姆斯壯 ARMSTRONG：

雷射反射器安裝好了，泡泡看來水平沒問題，對準狀況看起來也很好。

THE LASER REFLECTOR IS INSTALLED AND THE BUBBLE IS LEVELED AND THE ALIGNMENT APPEARS TO BE GOOD.

04:15:04:16 麥克坎德雷斯 MCCANDLESS：

尼爾，這是休士頓。收到。完畢。

NEIL, THIS IS HOUSTON. ROGER. OUT.

← 巴茲・艾德林帶著實驗器材

巴茲・艾德林背著月球雷射測距實驗和被動式地震實驗的器材。艾德林找不太到水平面架設實驗：「我會彎下去看著這個東西，這個杯型——本來是凹面的——不知怎的已變成了凸面。」

05:04:32:55 阿姆斯壯 ARMSTRONG：

收到，休士頓。
老鷹號回到軌道了，已經離開寧靜海基地，留下一小塊阿波羅十一號複製品和橄欖。
ROGER, HOUSTON.
THE EAGLE IS BACK IN ORBIT, HAVING LEFT TRANQUILLITY BASE AND LEAVING BEHIND A REPLICA FROM OUR
APOLLO 11 PATCH AND THE OLIVE BRANCH.

05:04:33:15 艾德林 ALDRIN：

老鷹號，這裡是休士頓，訊息已收到。全世界都以你們為傲。
EAGLE, HOUSTON. ROGER. WE COPY. THE WHOLE WORLD IS PROUD OF YOU.

05:04:33:26 阿姆斯壯 ARMSTRONG：

我們有地球上的大力幫忙。
WE HAD A LOT OF HELP DOWN THERE.

回家 →

任務成功後，在登月小艇往指揮／服務艙移動的時候拍到的阿姆斯壯。在艙內移動時，艾德
林不小心弄壞了用來啟動從月球起飛的引擎的斷流器，好在後來用一支筆就能扳動開關。

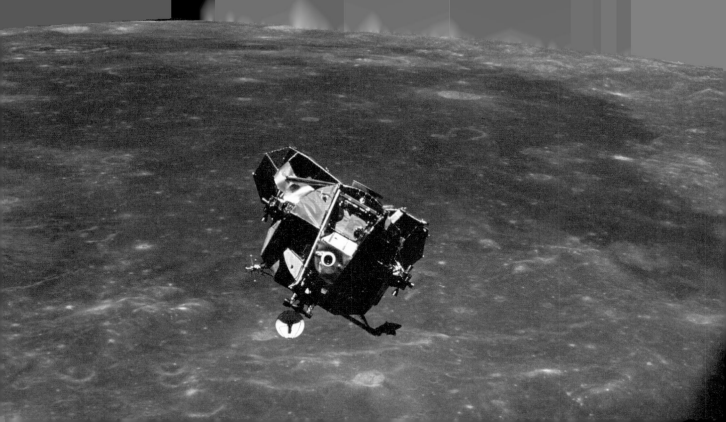

05:07:51:29 阿姆斯壯 ARMSTRONG：

我向上轉的時候會往他的左舷窗看出去。

I'LL BE LOOKING INTO HIS LEFT WINDOW WHEN I PITCH UP.

05:07:51:32 艾德林 ALDRIN：

我不認為。如果你做得對的話現在你就……

I DON'T THINK SO. IF YOU DID IT RIGHT NOW YOU'D...

05:07:51:36 柯林斯 COLLINS：

……我已經看到地球升起，真是棒呆了！

...I GOT THE EARTH COMING UP ALREADY; IT'S FANTASTIC!

← 地球、月球和登月小艇

登月小艇和指揮／服務艙對接前一刻拍的，麥可·柯
林斯拍下了這張地球、月球與登月小艇的照片。

05:15:31:34 阿姆斯壯 ARMSTRONG：

你在幹嘛，麥可？你在拍什麼？

WHAT ARE YOU DOING, MIKE? WHAT YOU TAKING PICTURES OF?

05:15:31:40 柯林斯 COLLINS：

喔，我也不知道。大概就是在浪費底片吧。

OH, I DON'T KNOW. WASTING FILM, I GUESS.

一萬海里外的月球 →

這張月球正面照是在哥倫比亞號回程路上拍的。用了 80mm 鏡頭，以一
直在哥倫比亞號與麥可・柯林斯待在一起的那台哈蘇 500EL 相機拍攝。

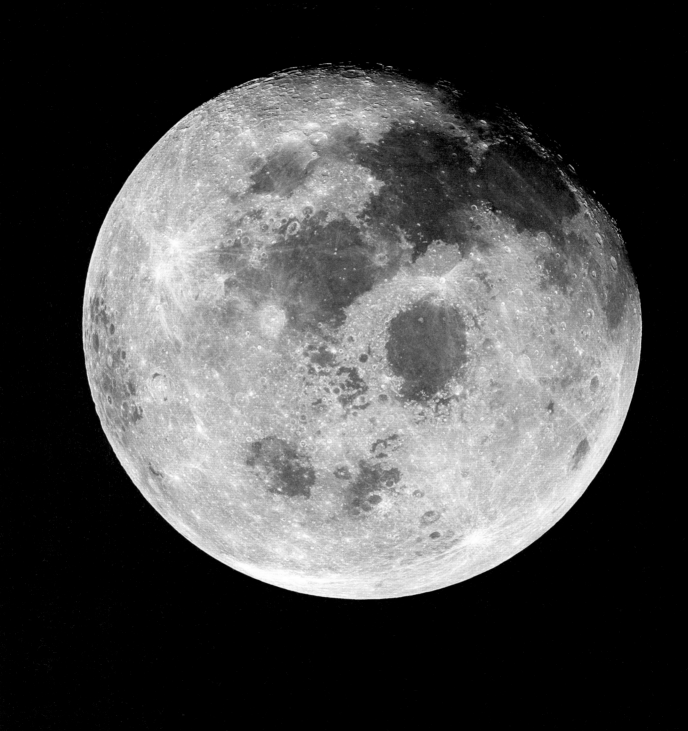

詞彙表　Glossary

太空艙通訊員 (CAPCOM)：與太空艙內部溝通的通訊人員，擔任任務控制中心和太空人之間的聯繫。

火棉膠濕版攝影 (collodion process)：一種攝影手法，利用火棉膠（硝化纖維）製作底片。

哥倫比亞 (Columbia)：阿波羅十一號指揮／服務艙的呼叫稱號。

指揮／服務艙 (Command/Service Module)：阿波羅號太空船是由兩個部分組合而成的：太空人和裝備都在指揮艙，服務艙則提供推進力和能源。指揮艙是唯一回到地球上的部分。

銀版攝影法 (daguerreotype)：第一種成功利用在消費者市場的攝影方式。這種方法能直接在塗了銀漆的銅版上留下影像。

老鷹號 (Eagle)：阿波羅十一號的登月小艇呼叫稱號，以美國國鳥白頭海鵰命名。

地球臨邊 (Earth's limb)：地球在地平線上可見的邊層。

艙外活動裝備 (EMU，Extravehicular Mobility Unit)：太空人執行艙外活動時身穿的太空裝。

艙外活動 (EVA，Extravehicular Activity)：在太空船艙外進行的所有活動都是艙外活動。最為人知的包含太空漫步，在阿波羅十一號任務中指的是探索月表。

地球中心軌道 (geocentric orbit)：指的是任何繞地球軌道運行的物件，包含月球和人造衛星。

登月小艇 (LM，Lunar Module)：為登月太空任務所設計的登陸小艇，目的是要運送太空人往返指揮／服務艙及月表。

基準標記網格片 (Réseau plate)：表面上刻了精準十字交錯線條的玻璃片，用來讓人可以判定照片中物件間距離。

寧靜海 (Sea of Tranquillity)：一片位於月球北半球的大平原。

照片來源　Picture Credits

謝誌 Acknowledgements

我要謝謝哈蘇基金會的員工，感謝他們協助這項計畫，特別是基金會會長 Dragana Vujanovic Ostlin、公關部主任 Jenny Blixt 和圖書館員 Elsa Modin，感謝他們提供兩張 500EL 相機照片以及維多‧哈蘇的肖像照。謝謝 Auction Team Breker 的 Harald Benker 提供了哈蘇 HK7 的照片。Keith Haviland，也就是 Havialand Digital 的總裁／製作人和 RR Auctions 的執行副總裁 Bobby Livingstone，謝謝他們的協助。

特別謝謝 Dr Michael Pritchard FRPS 協助並寫下序，謝謝 Richard Ireland 的幫助與鼓勵。

若沒有美國太空總署的慷慨協助，這本書就無法完成。美國太空總署開放其資料庫，供人們進行研究和教育之舉，使其成為全世界在科學與太空探險史研究中最常出現的資料來源。美國太空總署不僅讓人有機會深入研究太空科學，也肯定了全球各地太空人扮演的角色。

參考資料　Bibliography

書籍

Aldrin, Buzz & Abraham, Ken. *Magnificent Desolation.* (Bloomsbury, 2009)

Baldwin, Gordon. *Looking at Photographs.* (Getty BMP, 1991)

Baldwin, Gordon, Daniel, Malcolm & Greenough, Sarah. *All the Mighty World.* (Yale University Press, 2004)

Carpenter, M. Scott, Cooper, Gordon Jr., Glenn, John H. Jr., Grissom, Virgil, Schirra, Walter (Wally) Jr., Shepard, Alan Jr. & Slayton, Donald K. *We Seven.* (Simon & Schuster, 1962)

Burgess, Colin & Hall, Rex. *The First Soviet Cosmonaut Team.* (Praxis Publishing, 2009)

Collins, Michael. *Carrying The Fire: An Astronaut's Journey.* (Cooper Square Press, 2001)

Emanuel, W. D. *Hasselblad Guide.* (Focal Press, 1962)

Glenn, John & Taylor, Nick. *John Glenn: A Memoir.* (Bantam Books, 1999)

Hansen, James R. First Man, The Life of Neil Armstrong. (Simon & Schuster, 2005)

Hershkowitz, Robert. *The British Photographer Abroad.* (Parkside Press, 1980)

Karlsten, Evald. *Hasselblad.* (Gullivers International AB, 1981)

Kaysing, Bill. *We Never Went to the Moon: America's Thirty Billion Dollar Swindle.* (Self-published, 1976)

French, John, Mendes, Valerie, Szygenda, Lynn & French, Vere. *John French: Fashion Photographer.* (Victoria and Albert Museum, 1984)

Nasmyth, James & Carpenter, James. *The Moon: Considered as a Planet, a World, and a Satellite.* (Bradbury, Agnew & Co., 1874)

Smiles Samuel. *James Nasmyth, Engineer: An Autobiography.* (Exho Library, 2006)

Verne, Jules. *From the Earth to the Moon.* (Scribner, Armstrong & Company, 1874)

線上

www.hq.nasa.gov/alsj/apollo.photechnqs.htm

www.hq.nasa.gov/alsj/a11/a11-hass.html

www.hq.nasa.gov/alsj/a11/a11.html

www.airandspace.si.edu/multimedia-gallery/5239hjpg?id=5239

www.hq.nasa.gov/alsj/a11/images11.html#Mag40

www.apolloarchive.com/apollo_gallery.html

www.history.nasa.gov/ap11ann/kippsphotos/apollo.html

www.hasselblad.com

www.cfa.harvard.edu/hco/grref.html

www.history.nasa.gov/sputnik

www.hasselbladfoundation.org/wp/history/the-hasselblad-camera

www.proftimobrien.com/2013/12/how-times-change-change-3-and-luna-9

www.history.nasa.gov/apollo_photo.html

www.hq.nasa.gov/alsj/a11/a11-hass.html

www.hq.nasa.gov/alsj/apollo.photechnqs1.pdf

www.computerweekly.com/feature/Apollo-11-The-computers-that-put-man-on-the-Moon

影片

Mission Control: The Unsung Heroes of Apollo. Directed by David Fairhead. (2017, Haviland Digital)

Shadow of the Moon. Directed by David Sington. (2007, Film4)

哈蘇相機下的登月任務 HASSELBLAD & THE MOON LANDING

作者	黛博拉・艾爾蘭 Deborah Ireland
翻譯	翁雅如
編輯	林聖修
設計	張家榕
行銷	劉安綺
發行人	林聖修

出版	啟明出版事業股份有限公司
地址	台北市敦化南路二段 59 號 5 樓
電話	02-2708-8351
傳真	03-516-7251
網站	www.chimingpublishing.com
服務信箱	service@chimingpublishing.com

法律顧問	北辰著作權事務所
印刷	漾格科技股份有限公司

總經銷	紅螞蟻圖書有限公司
地址	台北市內湖區舊宗路二段 121 巷 19 號
電話	02-2795-3656
傳真	02-2795-4100

ISBN	978-986-97054-2-4
初版	2018 年 11 月 15 日
定價	新台幣 480 元 港幣 135 元

國家圖書館出版品預行編目 (CIP) 資料

哈蘇相機下的登月任務 / 黛博拉・艾爾蘭 (Deborah Ireland) 著 ; 翁雅如譯
. -- 初版 . -- 臺北市 : 啟明 , 2018.11
96 面 ; 20*20 公分
譯自 : Hasselblad & the moon landing
ISBN 978-986-97054-2-4(精裝)

1. 太空攝影 2. 攝影集

322.3   107019090

Design by 8manda.c